私房菜馆 II

Private-Dish Restaurants

方峻 主编

华中科技大学出版社
http://www.hustp.com
中国·武汉

未必是饕餮，更独具情怀

乙未暮春三月某日，出行上海、杭州……细雨霏霏，无意间竟至一清静古雅之所，门外高挂白色纱质灯笼，上书红色四字："昆曲·茶食"。入得其中，古乐萦绕，以木结构为主的室内空间，几只白色纱笼发出清幽的光线，各自书写着："言怀"、"惊梦"、"离魂"等字样——恍若进入《游园惊梦》的场景。而室内陈设也尽是"古时"器物，营造出一种遗世独立而又极其浪漫的氛围。其实，这不是昆曲艺术博物馆，而是一家私房菜馆，茶食及菜品也都很精致和"现代"。席间宾客不少，大都安静地用食、品茶，仅有微微细语交流，与这建筑与室内所营造的氛围相得益彰。

我不禁想起这些年到过的欧洲一些小镇的餐厅，大多也都如此独具特色。这些私房餐厅不仅菜品各有渊源，其庭院景观、室内空间也都似乎在无声地述说着一个个或曲折或温馨的故事，给人无限怀想。因此，一家好的私房菜馆，几乎就是一个美好故事或者经典文化的传播地。布局、色彩、灯光、装饰——"色、香、味"俱佳之余，还另有意味深长的可"品"之处。对于喜爱它的人而言，不仅是个物质的饮食场所，而且也是一个精神的庇护所。

设计无国界，中西方文化艺术且都别有洞天。未来国人的生活方式将越来越脱离物质与材料的简单堆砌，而追求一种共鸣情感的表达。反复研究客户所欲表达的情感，而非简单的设计要求，给空间更丰富的表达，这是设计师的责任。而倘若通过设计作为桥梁，让中西文化交流与融合，让美好的故事可以尽情"上演"，让更多创意可以落地，这是一件很有意义的事情。近来，除了完成设计工作以及与出版社合作编辑一些拥有可借鉴性且有"故事"的设计书籍之外，我和我的团队正在做的一件事，就是创建一个国际化的互联网创意平台，让更多国际优秀设计师能通过这个平台展示自己的设计才华，并通过我们严谨的管理体系，将其创意设计落地为客户所需要的作品。想必未来中国各行各业的"上帝"们将有更加广泛的选择，通过该平台的对接，以国际化的设计来助力演绎更有档次和格调的设计项目。

为此，我们的角色终将改变，从一个设计人走向致力于为设计人服务的服务人！

方峻（香港）

香港室内设计协会会员（PM00408）
国际室内建筑师／设计联盟会员（0281）
中国建筑师学会室内设计分会会员（8030）
中国高级室内建筑师（0873）
美国美联大学哲学博士
意大利米兰理工学院室内设计管理硕士
清华大学工商管理研究生
国立华侨大学建筑学学士
香港理工大学建筑规范设计文凭
国际创意合作发展创导者

每次外出吃饭，总喜欢去环境舒适宜人的地方，即使味道一般也会觉得食在其中另有一种情趣。朋友调侃说："你吃的不是饭，是氛围！"诚然，好的设计能营造出一种温馨和谐的用餐氛围，不仅能提升心情指数，同时也能激发人的食欲，既是一场视觉盛宴，又是一场味觉盛宴，何乐而不为呢？

梁志天曾经谈到过室内设计的 7 种心情，而在本书中您能淋漓尽致地体会到以下五种心情，它们分别是"酷"、"闲"、"宽"、"颐"、"醉"。这五种室内设计心情凸显了极具创造力、表现力以及感染力的空间形象，将舒适和美一览无余。

在本书中，精英设计师们以他们前瞻性的设计笔触，给予餐饮空间前瞻性的生活品位。有的空间在平淡和谐中突显强烈的感触，同时引进大自然的阳光、空气和树木，把满腔闲情融化于浓淡有致的碧青和原木中，让人在紧迫的城市生活节奏下享受那难得的一刻闲暇；有的空间则让人有广阔宽敞的视觉效果；还有一些空间把东方浪漫的情怀与西方简约的雍容巧妙结合，抑或是巴洛克典雅风格与现代唯美主义相兼容，把宽敞舒适的空间装饰为富丽堂皇的尊贵府第，令人醉倒在满泻的昏黄灯光下。

随着现代设计的发展，餐饮空间设计最突出的特点就是回归自然化。自然的回归既是人类本性的回归，又是真善美的回归。当空间被各种物质挤压的时候，也就失去了本质，我们要去掉一切虚假的、表面的、无用的东西，而剩下自然的、真实的、本质的东西，因而得到更多的舒适与更多的美。

大隐于市的四合院，掩映在胡同深处，是喧嚣城市中沉淀心灵的好去处；知竹茶馆里，几尺地，"无丝竹之乱耳，无案牍之劳形"，细嗅茶香，是心之静所；天水玥秘境中浓浓的禅味，溢满虔诚佛意，啖一口佳肴，恍如隔世……

在本书的餐饮空间中，各种空间关系的处理、空间行为、交通流线的思量以及空间的精细化设计等都别出心裁，恰到好处。设计师们用深邃的眼神追逐自然淳朴的美，将竹、草、花、石、鱼、水等恰如其分地镶嵌在各个角落，给人一种清新脱俗的自然美感。同时，设计师们还擅长运用色彩的对比，灯光对氛围的调节，使空间的质感与典雅同在，时尚与古典同行，线条优美而流畅，风格独特而怡人。

设计是恒久的，在经过很长一段岁月后仍然散发出迷人的清香……

殷沙漫

目 录
Contents

A

私房菜馆

设计餐厅

A

私房菜馆

葫芦岛私人食屋餐厅

设计公司：纬图设计有限公司

设计师：赵睿

摄影师：杨戈

撰文：杨跃文

项目地点：辽宁葫芦岛

项目面积：2 101 m²

主要材料：片岩石、松木

"食屋"项目作为餐厅功能对外营业，其建筑样式为典型的 20 世纪七八十年代复古建筑风格。项目所在地的地理位置相对优越，视野开阔，窗外直面无边海景。该项目业主希望能对建筑外观重新进行修整和提炼，赋予建筑新的功能，同时使其与周边环境相统一，让建筑更好地融入到环境中。

设计师首先从建筑内外动线着手展开设计，坚信设计是为了让人更好地使用产品本身，所以对建筑内外的动线梳理便是首要解决的问题。原本直面大马路的入口大台阶被清除了，并且被设置在建筑的西侧。拾级而上，两侧对称分布的石狮为入口增添了不少趣味和仪式感。在户外阳台动线的增建过程中，设计者尽量避开场地现有的植物景观，正因如此，建筑平面轮廓的形态多了一份"自然而然"的场地归属感。经重新改造后以灰白色系为主的建筑外观，以及建筑体量的梯形展开，使得建筑与周边景观融为一体，相得益彰。

"食屋"定位为私人会所，供主人和亲友在此聚会用餐，并不考虑对外商业用途。所以无需刻意让室内装饰迎合众人口味，这也为设计者提供了一个相对自由的空间来进行"过程式"的创作和自我情绪的彻底释放。当然，基于设计者足够扎实的实践功力，一切似乎尽在掌控之中。

稻草，一种极为日常和朴素的植物，它单个形态并不强势反而显得有些瘦弱，但当它形成一片并不断复制阵列分布时，在整体上便会呈现出一种非均衡的力量感。这种状态好比日常劳作，过程看似重复和无趣，日积月累，某种具体经验和智慧由此孕生。设计工作又何尝不是这样呢？对比于最终项目呈现出的具体形式而言，设计师更注重设计的过程以及借由过程所滋生的形式之间逻辑性的生成，往往设计的乐趣就在于此。设计者尝试把"稻草"具备的基本精神置换成一种空间构筑语言融入到"食屋"整个空间的叙事中，进而出现了入口前厅的"稻草"装置，以及在每

个空间节点的墙身和天花上延续的不规则木条肌理。设计师希望基于这样的装置节点设计及同种形式三维式地铺开，再加上设计师的现场即兴创作成分，使得空间创作的边界在一定程度上得到了延伸，多了些艺术创作的未知性和探索性。

当空间被"稻草"所形成的灰色调的背景围绕后，其他灵动的空间节点便靠一些质感丰富的物件摆设来烘托空间气氛。例如窗台一组晨练中的"和尚"雕塑群，在侧窗一缕光线的作用下，原本形态模糊的头部呈现出的表情格外出彩和丰富。抛开理性创作因素不说，设计师更愿意相信这种景象是一种巧合，巧合在于：此时，此地，而后此景。

设计师认为，设计之前，必须观念在先，观念是看似零碎的若干想法，在人的意识逻辑的编织下，它们建立起某种内在的关联性，彼此合作，共同发力来形成一个完整的和谐状态。中国传统观念中人们对于"手艺"的信仰和推崇甚为显著。"手艺"并不意味着带有"匠气"味或是指向因循守旧的某类技术层面。实际上，它宣扬一种精神，那就是对日常的、唾手可得的物品的价值的探索和挖掘过程，最终让它们产生一种新的结构关系。设计者试图触及这种状态，在"食屋"空间中的具体体现便是极具差异性的物件与空间的共融：与木色反差较大的玻璃工艺灯，路边捡来的枯枝和食用后的贝壳等物件经现场再创作形成的立体浮雕墙，包括桌上的白色碟子和透明高脚杯，市场上淘来的小葫芦等空间里的一切物件呈现出一种透气的整体感。很显然，重要的不是单个物件本身，而是深植于设计者脑中并且不断深化的"空间观念"。

最后借"食屋"项目来强调设计师的一个设计观点：每个设计项目最终所呈现出的结果只是设计师当时真实状态的一个浓缩和阶段性体现，时间在推进，观念也在转变。设计师只有在实践的过程中保持开放的思维状态并且不断地进行自我思辨的情况下，保持诚恳，才有机会创作出富有温度和生命力的作品。

大隐于市的四合院

设计公司：禾易设计（HYEE DESIGN）

设计师：陆嵘

参与设计：苗勋、沈寒峰、杨雅楠、王玉洁

摄影师：徐喆

项目面积：2 400 m²

主要材料：榆木、雀眼木、檀木黑石材、布朗灰石材、西奈珍珠石材、清镜、青砖、
仿古铜、藤编、艺术夹绢玻璃

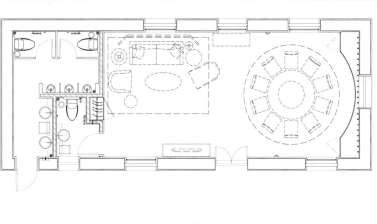

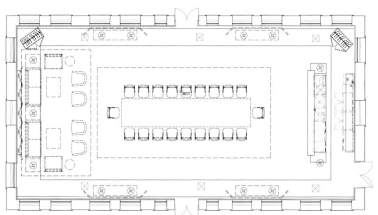

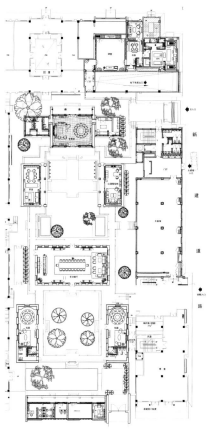

本案设计规模约为 2 000 平方米，与传统四合院建筑体相接的太极馆，掩映在一片安静的胡同深处，是喧嚣城市中沉淀心灵的好去处。在这里，客人们可以静下心来修身养性，体悟四合院文化的同时又能感悟太极文化的精髓。在整个室内设计中，设计师以中华传统文化中的"儒、释、道"为母题，运用"竹、木、石、水、影"不同材质与光影融合的方法，使人们能够身临其境地感悟中华传统文化的精髓。一入四合院，传统的庭院、质朴的木梁结构，让人一下子回到梁思成笔下的老四合院。室内以老榆木线条为主线，搭配与传统木梁结构的衔接，在梁上嵌入传统纹式的古铜装饰。

多功能厅，拥有旧铜打造的前台，配以独具匠心的环形灯具交相呼应，来凸显其特色。

贵宾厅，以云龙元素为设计源泉，设计了一款金丝柚木壁炉，能让人感受到传统东阳木雕的精髓。

朴素的太极馆，简单但也不失精巧。通过夹绢玻璃隔断的移门可以将太极馆分隔成开放、私密的多功能空间。通过太极馆侧面的落地窗户可以看到禅意的景观空间。

茶室里的家具，也与众不同地采用了竹节形式的木饰面手法，让客人在品茶的过程中能更好的调节心境。

正是因为有"逍遥的自然情趣 、优美的人文情调 、慈悲的光明情怀 "，才能体现出此四合院的格调。

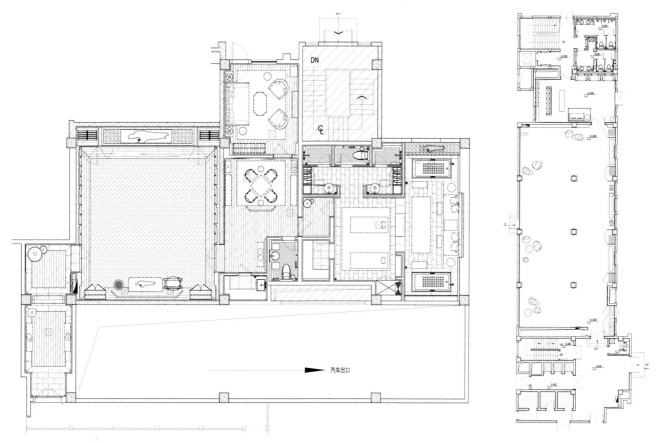

知竹茶馆

设计公司：重庆品辰装饰工程设计有限公司

设计师：庞一飞、袁毅

参与设计：余黔

摄影：EM 摄影

项目地点：重庆大坪

项目面积：145 m²

主要材料：竹、木材、夹丝玻璃、石材

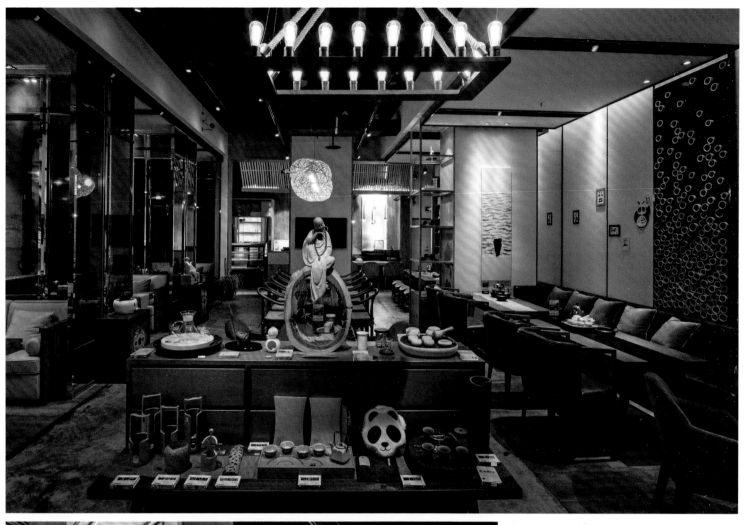

都市人总是那样无可奈何，不管明霞可爱，不知瞬间而辄空,不知流水堪听,不知茶之味。一间茶室，几尺地，虽不庄严，却也精致。竹林风，草色花香，隙驹易过，人当寸惜光阴。茶里不疗山水癖，身心每被野云羁。

风阶拾叶，知竹茶灶劳薪；

竹外窥莺，树外窥水，峰外窥云，有意无意；莺来窥人，月来窥茶。

身世浮名，于以梦蝶视之，俗子沉身苦海，不如一杯淡茶。

所谓，缙云山之竹，写意无穷，流情不尽，弄绿绮之琴，瞻云望月，无非空忆过往。

月色悬空，皎皎明明，啾啾唧唧，都来助我愁思。巴山夜雨，馆里淡定如一。

无锡长广溪湿地公园蜗牛坊

设计公司：禾易设计（HYEE DESIGN）

设计师：陆嵘

参与设计：王文洁、吴振文

摄影师：刘其华

项目地点：江苏无锡

项目面积：2 400 m²

主要材料：涂料、老木头、木饰面、金属

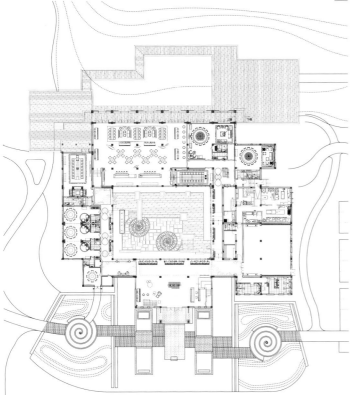

蜗牛坊——无锡首家以"都市慢生活"为主题的创意餐厅，将设计的创意、美食的享受与湿地的静谧、写意的自然环境融为一体。臻于细节、卓于内涵，意图为来宾提供一个舒适、自得、理性、温暖的服务空间。

设计结合建筑周围的生态环境，用自然质朴的材料与之相呼应。室内环境基础色调为中性偏冷，通过艺术装置的鲜丽色彩加以点缀，来打破平稳的节奏，从而提升视觉的趣味性。家具、灯具的设计均简约富有创意，细节之处均体现着撷取大自然中的元素。

室内整体造型线条流畅清晰，虚实有序。无论是墙上块面颜色的铺展，还是顶面的条形格栅造型搭接，始终以简练的几何关系诠释主题的定义：细腻、质朴与自然。

空间整体色彩以深浅两种灰色为主基调，大面积交织。红褐色黏土砖以醒目的颜色，通过特别的角度设计铺贴在部分空间的主要墙面，砖墙四周用自然锈斑表面的金属折成精致的条框收边。历史悠久的老木头映射出自然醇厚的颜色与古铜色木饰面一并在空间内对话，交替出现，相互映衬。部分区域用大幅镜面单元框以角度错开的方式排列、间隔，点缀其中，折射出不同凡响的奇异空间。

地面的艺术地毯造型更加生动，以渗入湿地植物的造型和色彩元素加以抽象提炼，通过各种编织工艺来表现。使整个装饰色彩基调简约质朴而不失灵动。

蜗牛坊在打造特别的用餐环境及提供各类美食服务的同时，还是一个设计艺术的展示平台。在主要公共区域预留了展陈柜台和空间，定期举行不同主题的创意设计展，使宾客满足味蕾的同时更赏心悦目，真正感受到设计艺术与饮食文化的交融，获得多方位的全新感受。

043

便宜坊

设计公司：和合堂设计咨询有限公司

设计师：王奕文

参与设计：胡岩峰、李艳玲

摄影师：孙翔宇

项目地点：天津

项目面积：1 400 m²

主要材料：石材、金色特殊漆、装饰灯具、绘画作品、印纱画

"便宜坊"最初设计启动前，业主提出的设计要求是如何改变传统便宜坊的形象，让空间成为顾客心中带有文人意境的餐厅。

设计师赋予此空间"大宋情怀"的主题，以宋朝山水、花鸟画作、词牌意境等为载体的"叙事"方式来演绎大手笔一致，小细节丰富的设计风格。

入口处高高在上的亭台，将空间分为两个区域，一侧相对独立的半开放空间，另一侧为传统意义上的散座区。利用通透的纱画来界定空间感。宋代之山水画，博大如鸿，飘渺如仙，意境挥洒如行云，半开放的包间宛若山水画之中的一处雅居，水波荡漾，树影婆娑，鸟语花香，将人们带入幽幽神往的意境之中。

前往包间区的必经之路，用宋代山水绘画作品制成的通透隔断将走廊和散座区很好的分隔，并可根据经营的需求开启或关闭，展现大宋文人的生活方式。半通透的隔断，绿影互动，有山水，有庭院，天花穿插云间的高山流水，水墨画与现代空间的微妙变化，亦古亦今。让客人仿佛置身于时空穿梭的意境中，梦回大宋。空间最深处的包间区走廊的材料选用天然的木质饰面和原始感很强的肌理漆面，序列感的天花造型，加上整排的灯影婆娑，清淡高雅。

20人的大包间满足了高端商务需求，入口处灰金色的序列排列略显奢华之态，严谨的家具配色，写意的大型绘画作品宫乐图，组成雅致、舒适的空间。

宋朝文化的博大与意境，浅酌低唱的闲情逸趣，用现代设计的视觉语言和思维方式表达出来。跨时代的文化沟通，"如梦如幻"的大宋情怀带给观者以身临其境的感受，此处成为有深远意义的设计空间。

天水玥秘境锅物殿高雄曾子店

设计公司：周易设计工作室

设计师：周易

参与设计：陈威辰、陈昱玮、张育诚

摄影师：和风摄影吕国企

撰文：林雅玲

主要材料：文化石、铁刀木皮染黑、锯纹面白橡木皮、杉木实木断面、旧木料、黑卵石

商业餐厅之于现代人的意义，除了味蕾上的满足，还有没有可能作其他功用，例如精神面的延伸或阐述？当然可以！颠覆一般人所知的餐厅形式，也考验市场的接受度，周易设计以佛手、佛头、浮烛和线香等清净语汇调合空间氛围，打造一处将美味锅物与奇幻谧界相契合的主题空间，透过喉韵回甘悠邈的具象、抽象演绎，熨平芸芸众生的情绪起伏。

净观

坐落路角地的灰阶建筑宛如城廓般安定质朴，斑驳底色加上两侧低限开窗，内敛传递类似私人会所的概念，正面嵌上发光的铁壳字，上书遒劲飘逸的"天水玥"三字，一次打响品牌，也像是清晨的梵钟一般，直直敲进观者的心坎。外观骑楼回廊导入苏州园林的文人浪漫，地坪精致的"人"形引导步履，古旧枕木与铁足嵌合的等待椅一字排开，与用来承托雨遮顶盖的修长柱灯相呼应，回廊和主建物之间的水景浮岛上，精心种植着随风摇曳的翠绿幽竹和山蕨，颇有孟浩然笔下"竹露滴清响"的醉人诗意。

擎天

推开镂刻云纹的木雕大门，两侧巨大的描金佛手擎天而立，向上托撑的手势相当摄人，仿佛要推开刷黑的屋顶，也是最吸引来客拍照上传的景点。沿着直行视线向前，尽头处高达七米的立体佛头雕塑垂目浅笑，在底部光源烘托下层次分明，佛首的下巴处恰好悬浮于迷离水雾之上，唇角上扬的弧线散发慈爱庄严的神韵，让躁动的人心倍感安稳妥帖。特别是佛头与佛手之间，以一座长矩形镜面水景串连，灰阶抿石子砌成的基座两侧内嵌投射灯光，与悬浮于水面的两列手工玻璃烛灯共构梦幻光影，时时并有氤氲的水雾腾绕其间，和天顶垂挂而下的线香装置相映成趣。

鼓乐

和空间的古朴空灵形成巨大反差的细节，还有设计者以电影场景思维布局的情境配乐。不同于似有若无的丝竹之乐，而是节奏感明确强烈的鼓乐，热情、磅礴的旋律里，隐约有种祭典仪式情绪激昂的感染力，这类关注多元感官力量的创意，让提案的强度大幅提升。

丰饶

一楼用餐区与中央水景呈平行的行列格局，在座椅硬件的设计上刻意以黑色调弱化处理，使之成为背景的一部分，单一卡座间以铁制细格栅界定，维持视角的穿透感与宁静之美，座椅底部投光以增加光影层次。周易设计一贯擅长的灯光设计在"天水玥"里淋漓尽致地表现出来，现场所有的情境光源、灯饰造型、照度色温，都经过事前详尽的沙盘推演，确保精准地烘托目标重点而又不互相干扰，千变万化的视觉飨宴，成为美食佳肴的最佳佐料。

沉潜

空间的挑高也是此案的一大优势，跟着仰角视线往上，两侧墙面以老木排列堆栈，诠释老旧但温暖的时间感，木头的肌理在灯光微波下别有一番刀劈斧凿的粗犷。二楼衔接两侧用餐区的回廊以大量原木剖面贴覆，造型面的高低差，彰显木头天生的纯朴与香气，地面的线条与墙面的壁灯，适度在奇幻的时空里完成动线引导。精神面的丰饶加上多种风情元素群聚的气势，让"天水玥"与众不同的情境氛围恒久沉浸在由古老东方美学浓缩后的结晶中。

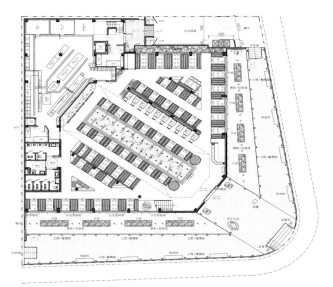

轻井泽博爱店

设计公司：周易设计工作室
设计师：周易
摄影师：吕国企（和风摄影）
撰文：林雅玲

顶着港都的晴空盛夏，坐落大道旁的"轻井泽"博爱店映入眼帘。基地临路退缩四米多，平整的建筑正面采用金属格栅，打造静定且洗练的身形，右侧嵌上书法名家——李峰大师挥毫的"轻井泽"店招，巨大的铁壳光体字精巧落款，很远就能招来注目的视线，格栅下方佐以镜面水池的清凉与往上投影的渐进式灯光，为过往的行人们带来一阵值得放慢步调的拂面清风。

面宽近 20 米，安踞在三阶因灯光而更显轻薄的石砌台阶之上。隐约透出的灯光让深色格栅轮廓更添层次，高挑的入口与主要情境造景皆安置于建筑左翼，以退为进的动线引人入胜，来客行经高低灯笼状的灯光装置艺术后，从喧嚣尘世进入静谧时空的过程里，逐步获得适度转换、沉淀。侧面向后带状延伸近 50 米的翠绿竹篁美景，一改周易设计以往结合建筑立面造景的手法，开头种植一株挺拔大树揭开序幕，然后沿着脚下温暖的实木栈道前行，眼前即是一番"独坐幽篁里，弹琴复长啸"的忘我意境。设计师沿着装置大面落地窗的建筑边界，以质朴的灰白抿石子，打造宛如长形托盘般的飘逸水景，池中缀以峥嵘景石、灯光喷泉与植栽，并以精致步道灯镶边，颇有怀石料理摆盘的风雅布局，也是室内卡座向外望时的清凉前景。与邻栋交接的墙面，特地选用与建筑外观相同的深色金属企口浪板，一来强化视觉上的整体性，二来也能衬托出墙前的优美绿竹群，搭配步道旁一块块以玄武岩剖面的拙趣等待椅，一幅情味无限、姿态潇洒的现代水墨嫣然而成。

室内宽敞的待客空间将近 990 米，近 7 米的挑高，让设计师的创意同时拥有上下四方的伸展条件。大门入口前方规划柜台区，柜台基座以岗石雕凿，斜劈的斧痕辉映老木台面，彰显大自然的力道，柜台后方悬挂一幅大师好字，简洁而雅致的气氛十分传神。内部整齐划一的行列式黑色卡座设计，以灯光隔板、兼具背靠和隔间意义的格栅屏风语汇，加上怀旧而浪漫的四柱床意象，衬着灯影形塑多个独立且舒适的小宇宙。餐厅里的天花板，绝对是仰角视觉的反馈之作，设计师的灵感取自日本神社，透过多层次榫接聚合的巨大木结构，诠释犹如殿堂般的藻井意象，使量体轻盈的浅色系也和环境主色调的浓重形成强烈对比。而天花板的木结构与中央卡座分界的手作金属格栅，两者呈现既冲突又和谐的九十度结构视角，由衷令人感受到空间本质的浩瀚雄浑。

除了出神入化的灯光艺术、情境造景之外，周易设计也善于透过色彩、

特定风物的隐喻，赋予空间生动趣味以及人文气息，例如送菜口基座的药柜造型，象征食补大于药补的重要性。送菜口两侧以及男女厕所周边的墙面，使用日式老建筑常见的鱼鳞板工法，灯光由上往下层层的叠影十分迷人。部分卡座端景墙面以白水泥混合稻草涂刷墙壁，演绎日式古民宅的旧时代风情，设计师并以木头釜锅盖创作如立体框画般的装置艺术，诚属切合主旨的独门巧思。而过道旁一列以悬挂草料桶装，内置成堆珠圆玉润的西红柿，堪称最富和风况味的季节果物，底部并以灯光烘托，昭告店家开市大吉、来客事事如意的诚挚祝愿尽在不言中。

轻井泽锅物台南店

设计公司：周易设计工作室

设计师：周易

参与设计：吴旻修、蔡佩如

摄影师：吕国企（和风摄影）

主要材料：铁件格栅、仿清水模瓷砖、橡木染黑、竹管、风化木、南非花梨木、白水泥加稻草墙面、贝壳砂碎石、米色胚布布幔、木作格栅、美耐板

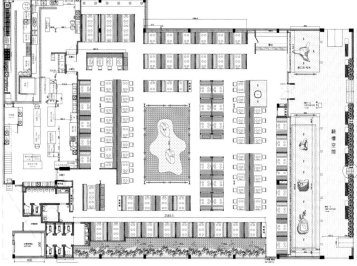

坐落大道旁的"轻井泽"台南店面宽30米，很难想象这是由老旧铁皮家具卖场改造而成的地景艺术。顶部拉出水平线条的锈色金属轮廓，让建筑自然显现安定与稳重。

骑楼两侧即是一大一小、各拥奇趣的禅意水景，左边主水景宛如托高长盘，盘上点缀三方景石，颇有怀石料理摆盘的意境，盘面潺潺流动的水幕佐以唯美灯光，峥嵘奇石仿佛漂浮其上，右边副水景则以朴拙瘤木为主角。

主要用餐空间都集中在平面一楼，大致呈"回"字形环抱中央的灯光主景，半空中由竹子排列而成的围篱，对应下方两座景石和类似土表的枯山水，后段的卡座毗邻大面玻璃窗，窗外与邻栋建筑间植满生气盎然的翠竹林，从绿油油的后景竹林、中景的土表枯山水到前端的水景、植栽，环环相扣的景链大大提升了"食"的机趣与深度。

贵安溪山温泉度假酒店

设计公司：福建国广一叶装饰机构

设计师：何华武

参与设计：龚志强、吴凤珍、林航英、郭礼燊、蔡秋娇、杨尚炜

项目面积：104 000 m²

主要材料：花岗岩、中国黑石材、金刚板、水曲柳面板、丝绸硬包

贵安溪山温泉度假酒店为临江退台式建筑。酒店整体设计风格秉承中国汉唐宫廷传统，气势恢宏。中性的色彩、简约的造型、巨型的体量、古朴的质感，渗透着中国古典文化的气节与儒雅的风尚。

大堂的空间格局颇具汉唐宫廷的皇家仪式感，黑色巨型圆柱分立两侧，右侧水景结合接待前台，形成独特的室内空间格局，让大堂颇有休闲度假的情趣。两侧的休息空间，隐在柱后，放置现代西式沙发，沙发的样式单纯简洁，让人猛然间在中式大殿的震撼中找到轻松和舒适。在如此中式的"宫廷大殿"中将现代的室内空间功能完美结合起来，运用现代的设计手法，将它们结合得精美绝伦，那一泓静水，出现于这个柱檩相间的空间中，格外诗意，富有宫廷华贵的享受。

咖啡休闲区，围绕主题元素，打造出具有贵安特色的、与外部自然环境相融合的空间氛围，不仅体现了时尚的元素，也充分考虑到了环保，是一种绿色、时尚而又有别于其他度假酒店的独特风格，给予游客一种与周围自然环境相联系的感受。

自助餐厅区设施配置高档齐全，巧妙的空间布局优化了交通流线，使得餐饮服务舒适、快速、便捷。让旅途劳顿或尽兴游玩过后的宾客们大快朵颐，高档的餐厅内采用新中式古典主义的设计风格，装饰色彩丰富，既体现贵安的特色，也符合国际化高端餐厅的需求。

酒店的贵宾接待区，设计得典雅、深沉，透着一种无与伦比的高贵。贵宾接待室注重用户私密性，让贵宾们处于接待室中，不受外界的打扰，为贵宾们提供了一个舒适安静的休闲用餐环境。

酒店配备有超大型的宴会厅，可供两三百人同时就餐，宴会厅装饰大气豪华，主材以柚木、青石、金刚板结合，天地呼应，不失主题元素。古朴的中式韵味让客人们升华，在此度过人生美好的时光。

设计借用中国建筑中传统的符号、元素及色彩，并将其进行强烈地夸张与效果化。最终实现了时尚与古典、材质与环境的相互呼应，呈现了去芜存菁的精神风貌，重塑出一种度假酒店的崭新形象。大量使用的环保材料，更使度假酒店的舒适感得到升华。

通过传统建筑语汇的提炼以表达空间的时尚，通过陈设艺术的巧妙点缀，以彰显度假酒店的舒适。强调现代中式的气脉，室内外浑然一体。强调空间的相互渗透及使用上的有机灵活，让客人体验到如"家"的亲切感。

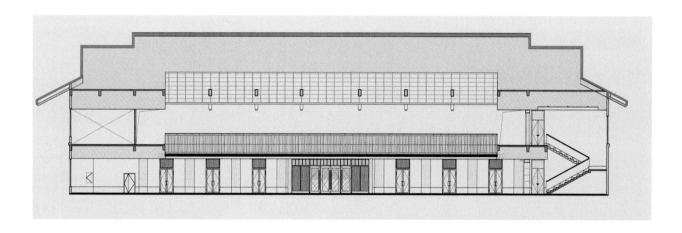

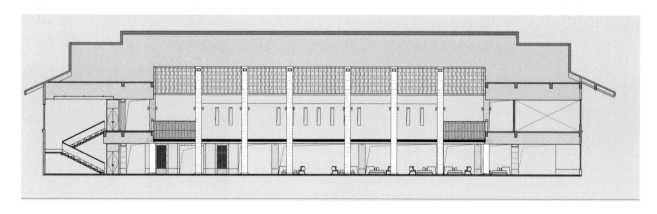

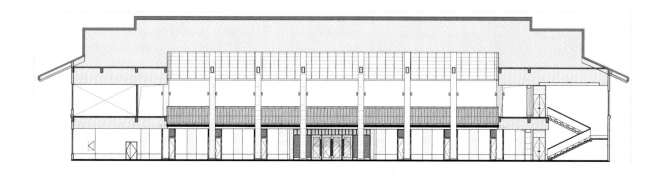

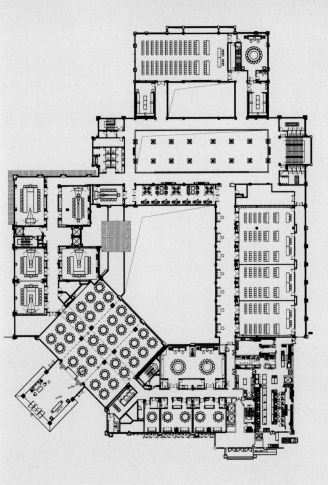

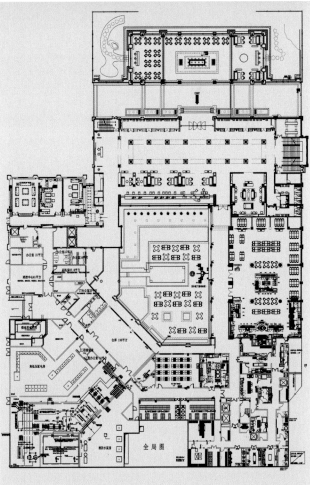

淡水渔家

设计公司：上瑞元筑设计制作有限公司

设计师：冯嘉云、陆荣华

项目地点：江苏徐州

项目面积：580 m²

主要材料：水泥板、石材、钢板、玻璃、老木板、墙纸打印图案

"淡水渔家"项目以展示"渔境"为空间表现重点。与项目所处的城市副中心，在背景与调性上形成鲜明的差异，通过稳重而自然的色彩，朴拙又具有本色的材质和生动朴拙的"渔"意象陈设系统，为目标客群营造了一处闹中取静的餐饮空间。空间动线通过园林手法表现，呈现移步换景、处处有景的身心体验，在自然主义的整体氛围中，为场所赋予了熟稔的、丰富的中式语境，为就餐与交流提供了隽永的诗意背景。

汉拿山北京世贸天阶店

设计公司：古鲁奇建筑咨询（北京）有限公司

设计师：利旭恒、赵爽、季雯

摄影师：孙翔宇

项目面积：1 200 m²

本案位于北京著名商场内，餐厅总面积约1 200平方米，本项目场地因高度优势，设计师另规划了两处不同的夹层空间，一区作为独立VIP包房，另一区则利用屏风划分出5个具有隐蔽性的用餐区与4个以韩国主要城市命名的包房，店内座位数量达到400个。进入餐厅第一眼见到的是利用实木台面与原石基座打造的吧台区，同时设计师利用解构手法，将中国建筑斗拱元素融入入口走道中心，连通吧台区、包间并贯穿内部散座大厅。

从整体平面布局到施工工艺再到细节刻划，设计师摒弃繁复的设计符号，运用洗练的技巧，精确地用灯光、材质搭配出丰富的明暗层次。角落一景的水瀑造景，由挑空区直落而下仿制灯笼的红色漆器照明，让这些充满怀旧与时尚、暗示传统与现代的因子，成为本案设计的灵魂，也是顾客在佐餐时最佳的调味料。

致青春文艺主题餐厅

设计公司：大墅尚品

施工单位：大墅施工

软装设计：翁布里亚专业软装机构

设计师：由伟壮

摄影师：金啸文

项目地点：江苏苏州

项目面积：300 m²

主要材料：水泥板、彩色玻璃、生锈字、仿古砖、石槽、石臼、有色涂料、藤、小灰砖、
灰瓦片、杉木板、花格、彩色地板、铁艺、红砖、饰面板

"正如故乡是用来怀念的，青春就是用来追忆的，当你怀揣着它时，它一文不值；只有将它耗尽后，再回过头看，一切才有了意义。"设计师以"追寻70、80后文艺范儿味道"为主题，打造了这套集"美食、下午茶、书、音乐、电影"五项功能为一体的文艺主题餐厅。

当代人的生活压力越来越大，居住生活环境渴望回归自然是一种时代潮流，设计师在空间外观进行植物装饰，并穿插了一些石槽、石臼做点缀，将整个门头装点得非常饱满。高高低低、形状各异的石槽，以流水的形式，将财气引向店里，有着很好的寓意。设计师将藤艺、竹的楼梯装饰灯、麻绳等作为设计主材，配合金钱草与水泥板、真石漆等现代科技的产物，结合得恰到好处。

餐厅设计必须有一个完整的主题，才能够迅速而准确地抓住各个设计对象不同的文化诉求。设计师通过反映不同年代、不同物件的形式，找到他们各自不同的主题，强化空间设计的主体性和文化性。美食与美学交相辉映，经由极具感染力的色彩组合引起强烈的视觉冲击与心理共鸣。

在整个设计中，怀旧寻古同样是此餐厅空间设计中运用到的一个主题，对浓郁的历史文化特色进行挖掘整理，再现历史风韵，赋予饮食空间极强的生命力、感染力。以个性的格调突破了室内空间的因循守旧，做旧仿古砖铺设的地面，粗藤细竹编制的桌椅，浅蓝色的天然材质，空间中不同年代的古老摆件，比如红领巾，蓝色格子衣服，雷锋画像、姑嫂挂历头像，毛主席、周恩来、邓小平等伟人的彩色与黑白照片，小黑板、旧电视、收音机、钟、洋油灯、水壶、风扇、琉璃瓦、电话机、盘子、剪纸、蓝色印花布、茶缸，以及不同年代的瓶瓶罐罐等。环境营造出气定神清与豁然开朗的氛围，防爆灯改装的吧台灯，以及整个餐厅的主灯，通过电工与油漆工的配合改装，不仅为业主节省了成本，更增添了不少雅趣。大厅以旧色为基调，加之仿古地砖、木质的餐桌椅，具有文艺气息的餐布等，这些装饰元素都在营造文艺的主题。一味地体现古文化，将会略显沉闷，设计师又采用现代的装饰材料协调搭配：天然的水泥板与具有现代感的金属铁艺刷黑、自然的墙面纹理与精致的艺术玻璃、原木的雕刻与现代的马赛克等。整个设计在体现古代文化的同时，又具有时代感。

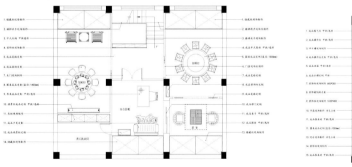

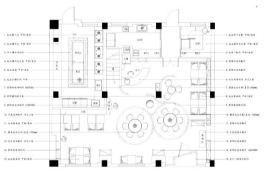

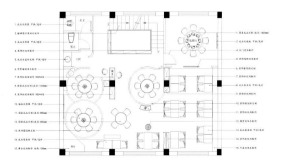

重庆棕榈岛美丽厨房

设计师：赖旭东

美丽厨餐厅所在的棕榈岛项目，位于重庆北部高新园区，是重庆棕榈泉地产携手 HASSELL 一起打造的重庆商业建筑最新地标。HASSELL 同时负责设计棕榈岛的建筑和景观。棕榈岛建筑和景观在设计上注入了水的元素，将水和光影与建筑融成一体。从远处看，棕榈岛建筑就像浮岛一般漂浮在湖面上，格外别致亮眼。

由五栋建筑体组成的棕榈岛围绕着湖水呈"八"字形，与一大一小的两个湖面构成了一幅美丽的风景。放眼望去，湖面上的倒影与建筑本身不断交错，相映成趣。这一视觉特点也让湖面上的倒影与阳光的折射变成棕榈岛最丰富的建筑特色。从餐厅内望向湖面的视线全无遮挡，并且通过打造无边界水池的做法将人工水景与自然湖面在视线上连成一体。人造水景与建筑布局的概念均反映了重庆两江交汇的城市特色，继承了水系联系城市的概念，以水面包围建筑，形成了"房子水中漂"的建筑形象。

独栋三层玻璃房子，半隐在一片现代园林中间，近看，美丽厨几乎是泡进了棕榈泉里一般紧挨着湖岸，水文景观，相得益彰，环境极好。室内，并不奢华，兼顾简约大气，更多是展现环境的得天独厚，一长排的景观位，可以尽情饱览湖景。一层大厅与二层包房皆为现代、时尚、简约的雅布风格，配以全落地临湖景观，为重庆最新的时尚餐厅。

特邀著名艺术家赵波为美丽厨私人订制，餐厅墙上随处可见的油画，每一幅都代表着一种性格的重庆美女。色彩对比也是设计师在设计美丽厨时着重考虑的问题。强对比就会比较俗气，弱对比确实雅致。整个空间丰富而轻盈，品相高雅。在美丽厨餐厅，即使最普通甚至最基础的材料，都散发出质朴、本质的光芒，低调奢华，但有内涵。

重庆 MILI 餐厅解放碑店

设计师：赖旭东

巴蜀印象火锅

设计公司：成都集嘉创意装饰设计有限公司

设计师：沈嘉伟

摄影师：何震环

项目地点：四川成都

项目面积：700 m²

主要材料：硅藻泥、石材、面板、竹子、皮影画

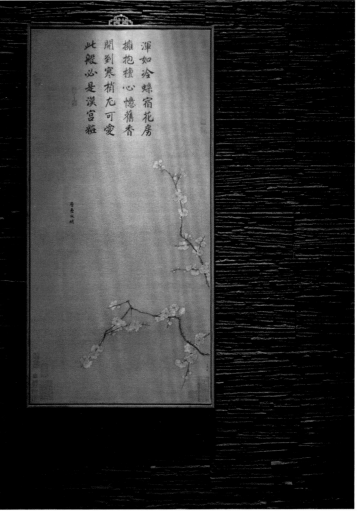

巴蜀印象作为成都一家老牌的火锅店，在如今浮躁和竞争非常激烈的餐饮环境下，经营者希望坚持做一家老字号的传统火锅店。在保留老火锅特质的前提下，在室内设计，传达出巴蜀的文化元素。本案设计师采用了比较传统的装饰材料去打造这个餐饮空间，希望能以内敛含蓄的方式去诉说和表达，让客人在空间里慢慢体会和感受巴蜀的火锅文化。

朴田泰式海鲜火锅

设计公司：成都集嘉创意装饰设计有限公司

设计师：沈嘉伟

摄影师：何震环

项目面积：四川成都

项目面积：1 000 m²

主要材料：乳胶漆、布艺、白色墙面条砖、荒料石材、墙纸、木地板

本项目的主要设计理念，就是"破与立"的设计辩证哲学。所谓的"破"，就是打破传统以泰式餐饮文化为主的空间设计理念，彻底舍去固有的泰式元素，而去营造素雅而安静文艺的餐饮空间，这正是所谓的"立"。

设计大量采用浅色材料，木作很少，泰式符号几乎没有，让空间有了一种清新现代的感觉。设计师在选择材料之时，不停地考虑它们的质感、色温，以及几者之间的穿插对比与相互和谐关系。在饰品和风格运用上，力求达到一种激发客人进入餐厅空间后有想拿起手机去拍照的冲动。

总的来说，通过"破与立"的设计辩证哲学，以及一定的设计艺术手法，餐厅环境氛围优雅而现代，清新而自然。

Sa Sa Zu 餐厅

设计公司：Gad 工作室
灯饰设计：Gad 工作室
摄影师：Amit Geron

该项目位于布拉格一家大型综合商场活动中心的多功能娱乐区。包括 Shahaf Shabtay 主厨餐厅、2 000 平方米的舞厅俱乐部、顶楼酒吧、咖啡厅，以及配备了太空投币游戏机。餐厅的设计借鉴了众多亚洲美食建筑风格，尤其是越南风格。设计师在游览亚洲不同地区时，收集各类素材，并形成设计语言。项目的设计保留了建筑的外观以及内部具有历史价值的元素。

不见不膳主题餐厅

设计公司：福建东道建筑装饰设计有限公司

设计师：李川道

参与设计：郑新峰

软装设计：陈立惠、张海萍

项目地点：福建福州

项目面积：500 m²

不见不膳创意私房菜馆位于80、90后汇聚的中亭街，全开放的格局内空间被划分得张弛有度，LOFT风格的独特韵味尤为显著。不见不膳，不见不散，这家餐厅有着讨巧的名字，而更让人印象深刻的则是其腔调的复古以及文艺色彩的装潢设计。

时光是一趟疾驰的列车，而不见不膳就是旅途餐厅。设计师以80后青年的美好回忆为主题，整体空间以简洁、优雅为主调，给食客以轻松的饮食氛围。设计师不仅将具象的小火车陈设至餐厅，还将时间定格在一张张灰白色调的照片中。褪去彩色的照片在管道穿插的天花上是装饰，在完全开放的大空间内则成了营造虚实相间的隐形隔断。一张黑白的老照片、一本褶皱的旧书籍、一幅文艺电影的海报，都化作浓郁的人文色彩，在空间充盈弥漫。

设计师一边竭力营造复古怀旧的气息，一边又适时地融入一些时尚创新的元素。钢筋、水泥和木材是最简单的材料，在种种粗糙之下，人和食物倒成了最精致的元素。在轻纱帷幔、灯光流淌之下，这些简单的材质变得富有质感。80后不断前行并逐渐老去，那些曾经熟悉的场景在这里成为最怀念的味道，强烈的画面感极大地满足现代人追求浪漫和寻找本真的渴望。浓重的工业风格里，这个餐厅为数不多的支柱和分类众多的座位却是由天然的木头和清新的色彩搭配而成，在一次美食的邂逅里，一切都是文艺而浪漫的。

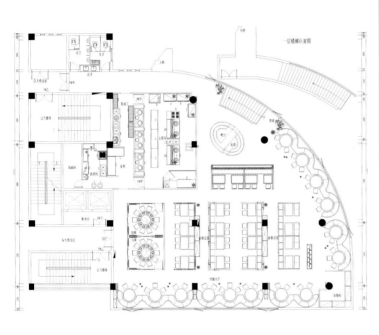

大丰收渔家晋江店

设计公司：福建东道建筑装饰设计有限公司
设计师：李川道
摄影师：申强
项目地点：福建晋江

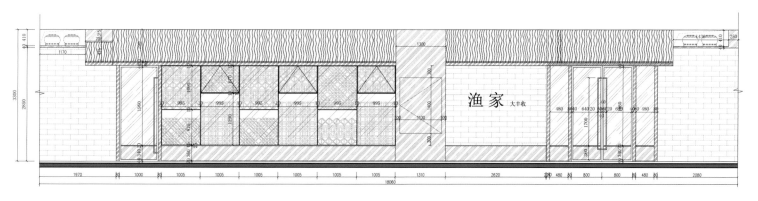

渔家 大丰收

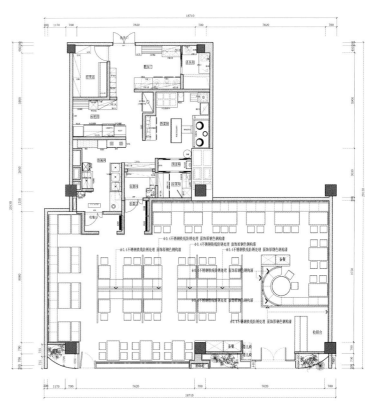

桥亭活鱼小镇之茶亭店

设计公司：福建东道建筑装饰设计有限公司
设计师：李川道
摄影师：申强

桥亭活鱼小镇西洪店

设计公司：福建东道建筑装饰设计有限公司

设计师：郑新峰

软装设计：陈立惠、张海萍

摄影师：申强

项目地点：福建福州

项目面积：350 m²

最真挚的莫过于记忆中那熟悉的场景，最亲切的莫过于记忆中最熟悉的物件，桥亭活鱼小镇西洪店用怀旧的基调，搭建出时间的走廊，让人们像是穿越时空又回到那质朴的岁月年华。在正式进入店中之前要先经过长长的回廊，这里碎花拼贴的瓷砖地面，摆放上灰白的做旧家具，特意打造青瓦的屋檐和满满一墙的老照片，预示着我们将进入一个不同于俗的小天地。

小桥流水人家，"桥亭"一词有着浓郁的水乡小镇的气息，为了呼应桥亭品牌，店内设计围绕古镇元素，特地将空间整体打造为古镇模样，各种砖瓦的屋檐、木质的窗户、青砖的墙面还有石桥，给人身临其境的真实感。怀旧是店中另一个重要主题，大量复古的家具与装饰、布局摆设都将人一下拉回到那个年代。不加修饰的水泥地面，只做了最简单的磨平处理，店内的桌椅均用20世纪80年代最常见的卡座形式，面对面坐着就像是坐在一列往远方奔驰的列车之上，座位间的隔断是铁艺的门框，附加上彩色玻璃与铁丝网，空气中充满着铁锈的老旧气息。

废弃的船木，老旧的窗框在这里得到了新生，它们被重新进行拼接组合，粉刷上不同的色彩，形成墙面隔断替换了枯燥死板的白墙，让各区域间相互连通，自然地形成小包厢，透过形态各异的窗子，处处都成为风景。老旧的木头充满着岁月的沧桑感，用它们来装饰空间使空间也沾染上时间的气息。落座在空间之内，品味着鲜美的鱼汤，在朴实的氛围里让味觉、视觉得到享受，恍惚间时间似乎已经倒流。

黄记煌三汁焖锅

设计公司：深圳市艺鼎装饰设计有限公司

设计师：刘濯沧

摄影师：潘国权

项目地点：广东茂名

项目面积：455 m²

主要材料：铝通、木纹砖、水泥砖、防火板、铁艺

传统风味在时代潮流的推进下，必须做出改变去跟进时代的步伐。黄记煌作为中式连锁餐饮的代表，也做出了风格上的突破。黄色铝通天花造型展现了来自北京京城宫廷的高贵色彩，再以中国红作为点缀，让传统的文化融合现代材料去展现。墙上的挂画体现一种文化的传承，祥云、水墨画，都是用现代的手法来呈现中式文化的内涵。

尚川岛

设计公司：深圳市艺鼎装饰设计有限公司

设计师：刘濯沧

摄影师：钱翔

项目地点：广东梅州

项目面积：310 m²

主要材料：花砖、木纹砖、旧木板、彩色玻璃、文化砖

火辣的色彩给顾客视觉上的强烈冲击,新派川菜秉承传统色彩,同时运用现代时尚元素,活跃的地面带来热闹的就餐氛围。红色的玻璃屏风和吊灯,点缀了空间,形成一种新旧思想的冲击。

鱼满塘广东江门店

设计公司：深圳市艺鼎装饰设计有限公司
设计师：潘国权
摄影师：潘国权
项目地点：广东江门
项目面积：340 m²
主要材料：铁艺、肌理漆、陶砖、绿植墙、旧木板

从品牌的理念分析，鱼满塘提取了鱼塘、渔夫的文化，风格上结合现代装饰材料去展现农家自然质朴的风土气息。肌理漆和绿植点缀了鱼的手绘画，营造了农家小园的意境，而农家小屋的感觉则运用现代的铁艺去体现，丰富空间变化。以竹鱼篓、蓑衣及其他装饰烘托气氛，让客人有到农家做客的幸福感。

9 窝炭烤 & 花园吧

设计公司：深圳市新冶组设计顾问有限公司

设计师：陈武

参与设计：吴家煌

项目面积：700 m²

主要材料：红砖、水泥、钢架、仿真植物、原木架、落地钢化玻璃

曾经的珠江电影制片厂，如今除了珠影星光城这个承载着历史记忆的名字之外，已经彻底完成了一个从当初华南文艺发源地到现在商业集中地的转变，咖啡厅、餐厅林立。而在星光城的最南端，一栋红砖水泥的两层小楼，在繁华的夜幕背后，散发着温润的光。这里就是如今的9窝，曾经珠江电影制片厂的武器道具仓库。

设计师以这片"钢筋水泥森林"为基地，营造出一种空灵的氛围，别致又温馨，传达着店主人对大自然的渴望。精心地将不同圈层的文化都统一到一种淡淡的艺术感觉中，每次踏足而进都让人感觉进入幻境一般。军用头盔、红砖墙、工业吊灯、怀旧欧式沙发，有意联系到遥远的机械年代。绿植墙隔断中和了这个暖灰色调空间的慵懒。黑色和茶色的家具，印字木板壁挂，精致小饰件营造出的是一个自在青年的寝室或者是故事里位于森林深处的精灵屋。

二楼是一半的室内空间和一半的室外平台空间，最适合举办各种小型聚会。"灵感总是来自和朋友的对话"，聚会上你一言我一语的对话触发源源不断的灵感。舒适自在本是生命的本质，栖息于9窝的我们，感到如鱼得水。

文艺范儿是一种在喧嚣中寻找宁静的渴望。珠影星光城里的9窝，用一栋两层的小楼静静宣泄着内心的渴望。

店内个性家私皆为 LIFE 2 CONCEPT 品牌家私。L2C 把木材与铁料运用得出神入化，形成了别具一格的沉稳效果。稳定的古典色调和扎实感，看起来朴素平实，本身的肌理和粗糙感便是自然本色最好的体现。天然的色调，经典的拼接随意而又不俗，就像我们关心世界，而又独立于外界世俗的精神。L2C 崇尚美，并把美的概念扩展开来，用自然的材质肌理之美战胜了统治家居行业多年的装饰之美。

LIFE2 餐厅

设计公司：深圳市新冶组设计顾问有限公司

设计师：陈武

参与设计：吴家煌

LIFE2 由 Living、Innovation、Fitness、Earth、2(second) 五大文化主题组成。LIFE2 旨在把生活、创意、健康、环保、再生融合在一起，打造一个全新的文化概念餐厅。

Life2 再生居文化餐厅是一家集时尚、健康、环保为一体的文化餐厅。Life2 拥有独特和时尚的家居摆设及空间设计，带领你走进前卫的家居设计理念。这里有着多样不同健康的食素搭配，全店均采用台湾进口的有机蔬菜，厨房均采用无油烟煮食。符合当代人们对健康饮食搭配的要求。店内软装家具采用再生环保技术，将废弃的材料进行重新整理，精加工，变成了现在炙手可热的环保再生的家具，当您在用餐的时候也可同步体验大自然的环保再生。舒服的沙发，性感韵味的爵士乐，冲击力十足的电音，让你在不同区域上有着不一样的体验。

金牛万达香翠港式茶餐厅

设计公司：道和设计机构

设计师：高雄

参与设计：高宪铭

摄影师：施凯、李玲玉

项目地点：四川成都

项目面积：426 m²

主要材料：白色护墙板、夹膜玻璃、拼木纹地砖、米黄大理石

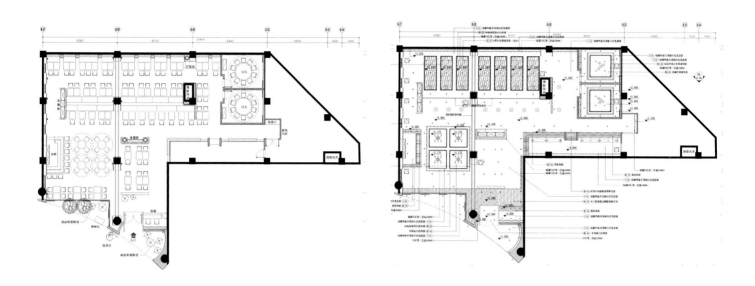

餐厅门面选用米黄色的大理石，缭乱的纹理带着岁月的沧桑感。与之形成鲜明对比的是入口斜角的设计，大面积的红应和着蓝色的灯柱，艳丽的色彩和古朴的外观有着巨大的视觉反差，颇为新奇。端坐在餐厅内，一定会有误入20世纪80年代香港街头的错觉。餐厅内桌椅的数目众多，香港地少人多的背景可见一斑。在这里不需等候，独特的卡座、四人的圆桌、高抬的独坐、多人的包间，应有尽有。简单的白色吊顶只有页片风扇装饰，可以想象伴着快速转动的风扇，人声鼎沸的下午茶时光该有多么的热闹。

木质地板圈起的中央区域是黑白配的棋盘格，经典的拼接方式带着浓厚的时代气息。中式的木格栅和红灯笼在设计里被大量使用。简单的材质，纯色的对比，夸张的视觉图案，在点线光源的结合下，空间顿时变得富有趣味。传统的中式元素和摩登感的色彩相互激荡，让本是中西合璧的港式文化更具魅力。在餐厅情景化的墨色墙面上，可以看见霓虹灯闪烁的旺角街头，还可以看见高楼林立的弥敦道。配上一杯香浓的丝袜奶茶、一件金黄的西多士，这间港式茶餐厅像是永远的大众情人，带给食客无限的空间共鸣。

翡翠饭店

设计公司：新贤维思设计顾问有限公司

设计师：San Leung

参与设计：新贤维思设计团队

摄影：新贤维思

项目面积：451 m²

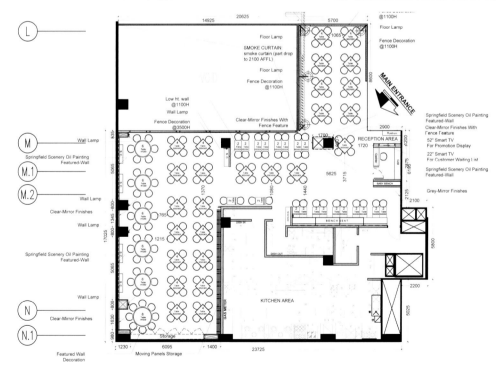

翡翠饭店以意境的方式将杭州西湖的气息带进餐厅，让客人享受犹如在西湖柳树下进餐的氛围，给客人一种自然轻松的用餐体验。

以金属特色造型模仿竹子或树枝等编成的栅栏，栏上金属果实造型的艺术品，营造在果栏下用餐的有趣体验。墙身用油漆巧妙地模仿湖面闪烁的反光效果并挂上造型细致的金鱼，配以粉色调的柳树油画，两者互相辉映，让客人犹如置身于西湖般清新雅致的环境下用餐，悠然自得。

北京丽都花园罗兰湖餐厅

设计公司：风合睦晨空间设计

设计师：陈贻、张睦晨

摄影师：孙翔宇

项目地点：北京

项目面积：900 m²

主要材料：实木地板、户外菠萝格实木板、中空玻璃、肌理漆、红砖皮、白色乳胶漆

197

如今在到处是高楼大厦，拥挤到令人窒息的北京确实又多了一处值得一去再去的好地方，它就是由设计师陈赟、张睦晨倾力打造的位于北京丽都花园内，掩映在密林缓坡之上的一座既现代又极富自然体验感的建筑体——罗兰湖餐厅。这是陈赟、张睦晨首次完成的建筑、室内及庭院景观整体设计的项目。对于那些身心疲惫而想要暂时逃离喧嚣都市并纵情于自然，体验慢时光的人们来说，这里绝对是一个足够吸引人的宁静之所。

静谧的园区环境、丰富的自然光线，以及高质量的基础服务设施给使用者带来既生机勃勃又饱含人文艺术气息的独特空间体验。"我们试图建造出我们心目中的与真正时空生活概念相对应的建筑。在我们看来，每一个建筑都应该在满足客户要求的基础之上，完美地配合建筑周边的环境，并充分尊重自然的独特生长气息。也正是因为这样，我们希望能缔造出一处更贴近人们内心，让人们可以休养生息、呼吸自然、体会生活美好时光的精神场所。"设计师陈赟、张睦晨如是说。

走进这座林间餐厅，轻轻地触摸和感受这座建筑想要述说的故事，设计师陈赟和张睦晨真诚地调动他们对于空间、光影、自然以及讲故事的能力，利用记忆与现实的交替，营造出这处意味深长且充分亲近自然又足够舒适、令人愉悦的建筑空间。

味氏家族福州泰禾广场餐厅

设计公司：国广一叶装饰机构厦门分公司

设计师：夏蕙等设计师团队

方案审定：叶斌

项目面积：600 m²

主要材料：仿古石砖、镜面不锈钢、质感涂料、人造石、实木、文化石

为了打造多变的自然风格，设计师使用大量的自然素材，结实的木材、粗犷的文化石等。光滑的镜面与木材形成强烈的对比，入口文化石搭配大量的热带植物，一进门就让人有置身大自然的清新怡人之感，极具特色。此外，餐厅内的整体卡座用餐区成了本案的一大亮点，特色的流线型卡座搭配植物，舒适宜人，让处在这个快节奏社会的人们在这里放慢脚步细细品味生活。

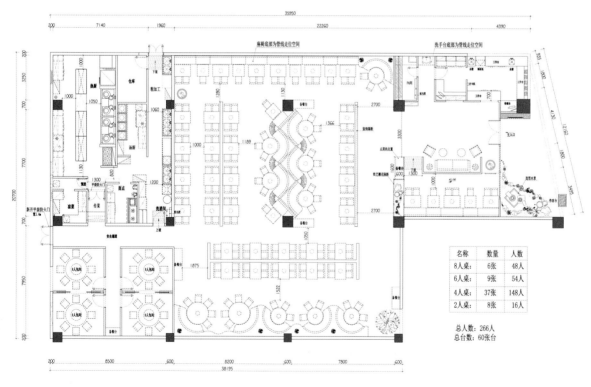

名称	数量	人数
8人桌:	6张	48人
6人桌:	9张	54人
4人桌:	37张	148人
2人桌:	8张	16人

总人数: 266人
总台数: 60张台

炉匠餐厅

设计公司：UT Design 刘育葶室内设计事务所
项目面积：300 m²

"以墨为主，以墨当色"的一幅泼墨树影画作，是炉匠餐厅予人的第一印象，透过粗犷、豪放的渲染笔触，作为设计开端，笔墨兼容地将中国传统柔中带刚的画意，带到繁华的上海市中心。

设计以中岛吧台为主轴，各自向外延续、连贯场域动线与机能。上方借由红色手工灯具与黑色生铁格栅，倾注浓郁的东方禅意，自然地渲染出新的感官效果。立面的节点，引入门前具象树影形意的开端，透过实木碳化后的明朗脉络，塑造出大树向上延伸、蔓延开来的枝桠，杂糅着粗犷的天然旨趣以及感性而细腻的都会风范，以点点灯光的间接光氛，寓意树丛间闪着特定节奏的萤火虫漫天飞舞的踪迹。

日本料理文化，与整个风格取得平衡，日式料理与主厨态度构成的中岛吧台成了场域主要的经纬地标，在日本历史悠久炉端烧的表现形式下，组合新旧元素，挹注时尚、潮流的视觉印象，让宾客在时髦又舒适的异国氛围里，大啖日本筑地海鲜、有机蔬果，满足五官感受。

本案在平面建构上，重视感官分享与视觉交流的建立，大胆拆解传统餐厅空间的构成元素，运用形、意、质、量展现空间样态，借由模糊界限、功能与动线的交集，创造视觉焦点。

本素酸菜鱼

设计公司：大墅尚品

施工单位：大墅施工

软装设计：翁布里亚专业软装机构

设计师：由伟壮

摄影师：金啸文

项目地点：江苏苏州

项目面积：900 m²

主要材料：钢板、木饰面、水泥砖、大理石

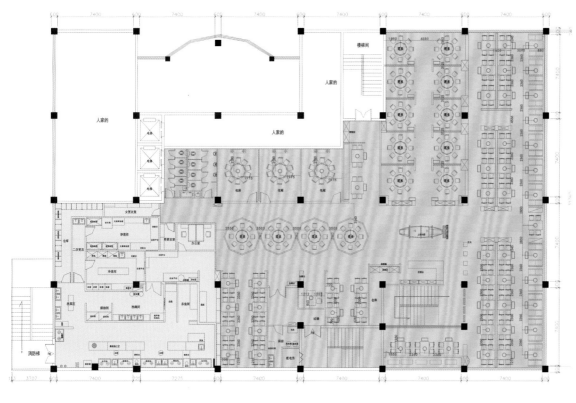

本者，根也。

素者，真也。

故而，本素者，

——味本清源·素璞归真。

本案以寻古怀旧追今为主题。设计师为了凸显"本素"的主题，大量运用钢板和水泥砖来增加视觉穿透效果，来迎合整体简素雅静的感觉，让空间不会有太大的压迫感。餐厅在设计时，大行"减法原则"，一切都为空间的通透着想，空间整体采撷黑灰两款色系，餐桌椅具组合简单、抽象、明快、现代感强烈，摒弃多余的室内装饰品及无用细节，营造出一种清爽、精致、舒雅的就餐氛围。

屏南商会会所

设计公司：子午设计

设计师：施传峰、许娜

摄影师：周跃东

撰文：李芳洲

项目面积：336 m²

主要材料：威登堡陶瓷、纳百利石塑地板、YOUFENG 灯具、欧力德感应门、TCL 开关、好家居软膜、樱花五金、精艺玻璃

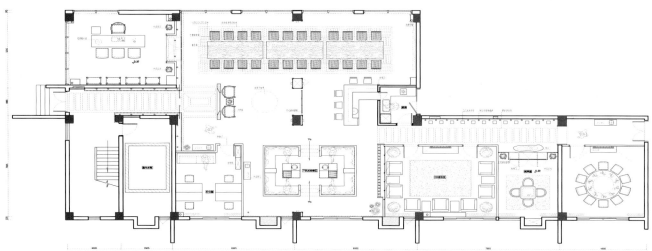

屏南商会会所——融汇民俗的新东方气韵

本案作为福州市屏南商会使用的私人会所，设计师选用了汇聚东方灵气和西方技巧的新东方主义风格为空间的整体格调，并融入屏南的风情文化，打造出一个雅致的气质空间。这个空间简约而素净，没有一丝杂乱和多余的装饰，饱含禅意的东方气韵让人产生心灵的共鸣。

屏南商会会所空间面积 300 余平方米，前身为办公室空间，在预算十分有限的条件下，设计师尽心寻找合适的材料，力求在低成本的前提下也能达到完美的空间效果。空间整体呈长方形格局，从入口进入内部是一个逐步递进的过程。进入会所前需要穿过一个回廊，回廊的地面以汀步的形式铺设，白色的细碎鹅卵石配上黑色大理石汀步，流淌着自然的气息。墙面和天花以方钢拼排而成的栅栏装饰形成一个半包围空间，方钢被粉刷成黑色与地面搭配，埋设在地面的射灯从下向上照射形成迷人的光影效果。走在回廊里像是穿过一个隧道，在尽头，一块中部镂空的石壁屏风挡住了大部分的室内风景，但从中部的圆洞往里看就足够引起人们的好奇心。这样的设计不仅与古时照壁有着异曲同工之处，同时又使用到园林的造景技艺。

绕过石壁屏风，空间正式展现在眼前。空间以中轴为线分割为左右两

个区域，中线用屏风装饰。左侧空间以一张 10 米的长桌为主体，大体量的黑色木桌加上摆放整齐的高背椅，带来不小的震撼感。地面大面积用青砖铺设，在桌椅摆放区域选用米黄色的瓷砖拼出简单的花纹以替代地毯。顺着桌子望去，尽头的墙面细细描绘着水墨的山水画，这样洗尽铅华的美感不沾染一丝俗世的嘈杂。右侧空间为下沉式茶座区域，下沉式的落座方式别具一格。紧邻茶座的装饰墙也创意十足，整个墙面用等量切割后的 PVC 管整齐排列而成。背后辅以软膜，将灯管藏匿其后，让光线透过软膜散发出来，形成有趣的光影效果。空间内的吊顶看似立体实为平面，吊顶的边框是用黑色颜料描绘出来的。室内的光线除了装饰性的吊灯外，最主要的则是单点射灯的照明，可控的点射光线对于空间氛围的营造起到至关重要的作用。

空间后部的回廊延续前部汀步的基调，门洞用 PVC 管切割组合成钱币样式。回廊摆放上石首、石柱作为装饰，墙面以工笔画的方式描绘着屏南著名的万安桥，让屏南的文化气息融入到空间之中。整个会所空间色彩简约纯净，视觉比例恰到好处，空间的动线流畅且层次分明，写意般的空间氛围让置身其中的人们由衷地感到放松。

云小厨·广东客家菜

设计公司：上瑞元筑设计顾问有限公司
设计师：冯嘉云、蔡文健、王凯、邓龙君
项目地点：江苏无锡
项目面积：405 m²
主要材料：铁板、老木板、水泥板、黑镜、砖、螺纹钢

黑白灰的空间底色作为背景，与陈设、家具丰富张扬的跳跃色彩形成调和与均衡，并通过老木板的剪影化正、负型处理，以及字母涂鸦和多变的灯光，完成了从沉稳端庄到现代时尚的个性演绎。由于材质、色彩和空间切割的秩序与条理，整体空间稳健而不呆板，有张力而不夸张，饱满又不拥挤。通过儒性的中式精神与国际化空间调性的交互参差，将"烧鹅仔"的历史厚度与时尚业态进行了巧妙的融合，高端餐饮的品质感与当代意识的亲和在元素与结构之间得到了充分呈现，充满隽永与活力的情境体验感。

大象十方泰式海鲜火锅

设计公司：成都集嘉创意装饰设计有限公司

设计师：沈嘉伟

摄影师：何震环

项目地点：江苏南京

项目面积：450 m²

主要材料：墙砖、地砖、植物、木作、线条、乳胶漆、硅藻泥

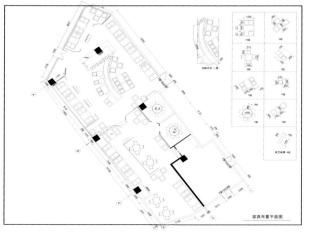

家具布置平面图

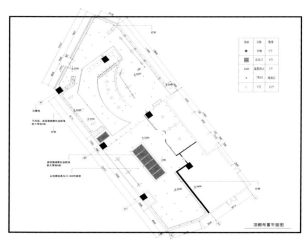

顶棚布置平面图

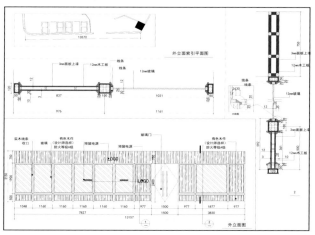

外立面图

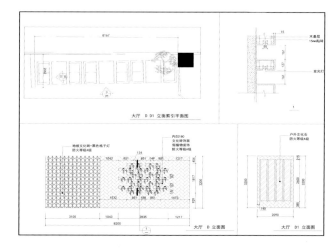

大厅 D 立面图

大厅 D1 立面图

243

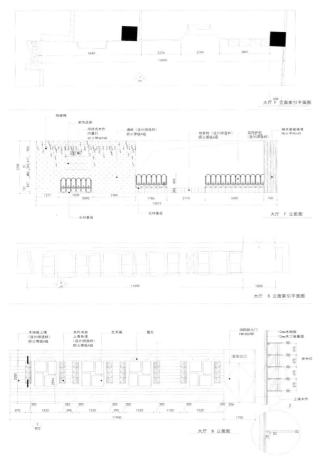

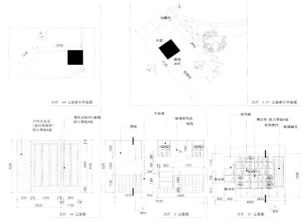

本案设计以清新的时尚公园主题形式深化展现室内用餐空间不一样的环境。

空间功能设计恰到好处，完美地解决了散座、卡座、包间之间的空间关系，整个空间具有通透性，能够让人感受到整体性的艺术风格。

值得一提的是，空间的色彩设计，墙面采用淡雅的色调，来烘托出软装配饰的时尚色彩，墙面的部分造型与家具之间具有一定的协调性，最后通过植物色彩深化公园的主题。

渝中味龙岩万达店

设计公司 ：道和设计

设计师 ：高雄

参与设计 ：林堃

摄影师 ：李玲玉

项目地点 ：四川成都

项目面积 ：378 ㎡

主要材料 ：红色贴片砖、木纹砖、灰镜、红色贴膜玻璃、水曲柳饰面板、黑钛不锈钢、文化锈石

"渝中味"成功运用中国元素设计理念，它的设计层次分明，错落有致。曲折的回廊将室内空间划分为几块，餐厅的九宫格，线条简单，却把现代感融入到古典气质之中。基调是简约的古雅，给人以视觉上的清凉感，壁画、宫灯、鹊、梅等装饰图案，一切都散发着似曾相识的古韵，打破中餐厅中规中矩的设计模式。更多地应用中国红，使中式元素更加典型，水曲柳饰面板、木纹砖、黑钛不锈钢、文化锈石等材质给人视觉上的碰撞感。将古典元素用现代的眼光编织进生活中，让流行与经典同列一室，用古典的中国元素来构成新概念和新视觉，黑白的老照片，罩纱的灯光，还有绿意昂扬的玄关……俯仰之间到处都令人诧异，它真正包容了不同的文化元素，当然中国元素才是此设计的核心。设计师在设计过程中不但要精致与实用兼具，更希望通过对餐厅整体布局的把握，传达出对生活的重视和对过往的怀念。

Heijouen at Matsubara

设计公司：HaKo Design
设计师：Kazuhiro Kamiyama、Junich Horikawa
业主：Heijouen K.K.
摄影：Nacasa and Partner
面积：300 m²

Heijouen 始建于 1970 年，是传统的日式烤肉餐厅。

翻新修复的餐厅看起来仍然有些老旧，但在设计上保留了广受顾客喜爱的日式风格。餐厅设计也以日式座位为主，极为考究与舒适。

设计师在保留日式风格的基础上，更为空间增添了一些简单的日式元素，使整个空间看起来更具现代感，吸引着年青一代的顾客。

餐厅内部空间狭窄，但每个空间自成风格，狭窄却不局促，也更富空间韵味。

大厨小馆

设计公司：DCV 第四维创意集团

设计师：王咏、侯洋洁、张涛

软装设计：张耀天、肖荣

摄影师：张浩、段警凡

项目地点：陕西西安

项目面积：200 m²

主要材料：PE 藤条、环氧地坪漆、仿古地砖、实木雕花、彩色玻璃、20×20 热镀锌钢骨架

本案以竹、石、水为设计元素，旨在于繁华的商场中营造一个自然宁静的就餐环境。设计师在空间中植入曲线多面体造型，以曲线来彰显水之意蕴，并竭力保持这些创新要素的简练，让其不失谦逊地改变空间氛围。这也就提高了设计的难度和设计的科学性，所有的曲线多面体的制作及表面编织物都由设计师与施工人员共同完成。空间色彩以原木色为主基调，同时配以黑白色图样的地坪漆。

竹子为空间的第二元素，设计师使用了易于编织的定制PE藤条。原木色的藤条不论是色彩还是肌理性都有很强的自然感和真实性，从远处看是浑然一体的原木生态墙面，近处才发现是一根根藤条，再走近是石头的等候位和石头的吧台，三种材质凸显自然。在这极具自然气息的环境中设计师用了彩色的桌椅，让它们既跳脱出空间，又更好地突出了菜品。

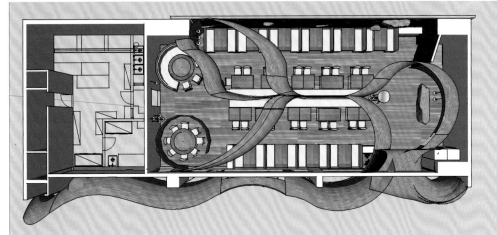

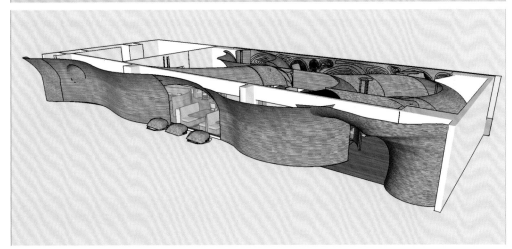

禅石餐厅

设计公司：武汉品筑凌川设计顾问有限公司

设计师：凌川

摄影师：袁知兵

项目地点：湖北武汉

项目面积：912 m²

主要材料：木纹黄、金镶玉、玉带红林、马赛克、沉船木、皮纹墙纸

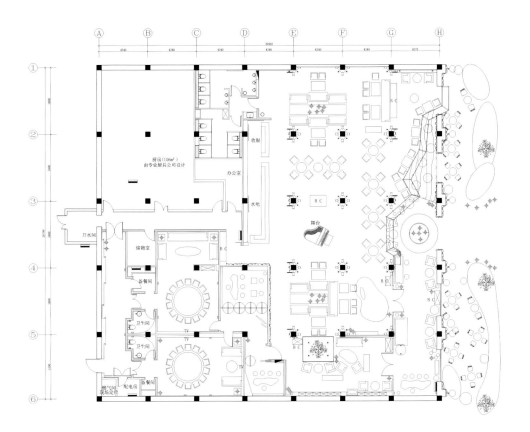

亲临禅石餐厅仿佛来到大自然的庄园，这里石奇、林茂、草绿、花美，一切来源于自然幽远的意境。走出城市的纷扰与喧嚣，在禅石餐厅能真切感受清新自然的淳朴。深厚的人文以及时尚的建筑，将古典园林与现代建筑完美融合，让钢筋水泥的建筑多了些温柔的气质。设计师独特的餐厅设计感受为我们创造出了一个美轮美奂的花园。

茶马天堂

设计公司：苏州善水堂创意设计有限公司
设计师：朱伟
项目地点：江苏苏州

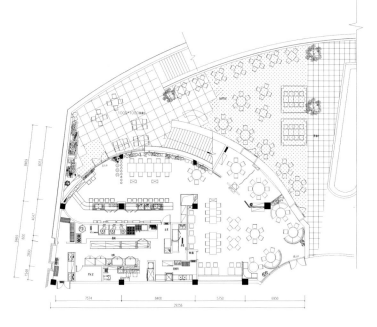

"茶马天堂"不仅仅是一个空间的设计，身临其境，你感受到的是其中蕴含着的泰式文化，以及一种古老国度的神秘和魅力，使你禁不住去细细品味它的 "源"之所在，情之所系。该设计的细节中处处体现泰式风格的特点，原木、竹、藤制品等原生态的室内材料的合理运用，让就餐的环境回归自然与朴实，就像这里所有的菜肴食料都代表泰国独特的文化。相信步入"茶马天堂"你一定会被它深厚的文化底蕴所感染，并体会到不一样的泰式风情，开始一段奇妙的文化与味觉之旅。

餐厅内部合理的流线式布局，有针对性地结合建筑的形式，以顶面飞扬的光线来引导，虚实之间，赋予餐厅空间灵动与张力。在材质上，空间大部分运用实木，通过自然的木纹纹理，增添了室内的亲和力。在细节上，运用泰国特色芭蕉叶纹雕花隔断，通过对空间不同层次的分隔，彰显出泰国地域文化的特色。

餐厅内部墙面与地面通过水纹的素水泥质感来表达空间的基调，淡雅柔和的原木色与局部点缀的蓝色、绿色等，成为空间的主角。在享受美食之时，优雅的音乐在耳边回响，仿佛亲临泰国苏梅岛，这里有蓝色的海面，自然朴实的木屋，还有许多甜蜜的回忆。

灯光在环境中不仅只有照明的作用，还烘托出周围的气氛和令人无限遐想的意境。光照的功能要求首先反映在照度上，不同的区域需要不同的照度。"茶马天堂"的设计以多种铜制灯具来营造，特别是汤姆迪克森的灯具，以暖色调光源为主，通过光源与周围造型的折射与反射，营造出更加温馨、舒适的用餐环境。

青翠的竹子、飘逸的羽毛灯、精致的木雕、东南亚特色的藤制鸟笼等，这一切都和谐地兼容于一室，我们能准确无误地感受到泰国清雅、休闲的气氛。在这里您可以体会泰国美食的文化与精髓，无论是口味酸辣还是清淡，和谐是每道菜所遵循的原则。

在泰餐中，五味的调和时常充满了无限的可能性。除了舌之所尝、鼻之所闻，在泰式文化里，对于"味道"的感知和定义，既起自于饮食，又超越饮食。也就是说，能够真真切切地感觉到其中的"味"与"道"的，不仅是我们的五感，更包括品尝者的内心。这就是"茶马天堂"对美食文化的定义，让我们相约于这样浪漫的泰国餐厅，享受烛光、音乐的美好，让您忘却烦恼，让心灵回归，体会一次充满感动的旅程。

北京通州台湖金福鱼汇餐厅会所

设计公司：北京法惟思设计

网址：www.lavis-design.com

设计总监：蔡宗志

参与设计：范娟、李赛

摄影师：孙翔宇

项目地点：北京通州

项目面积：2 000 m²

主要材料：旧木料、方管、石材、玻璃

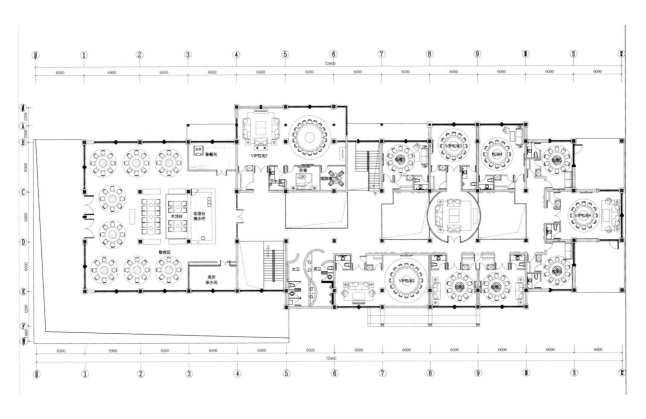

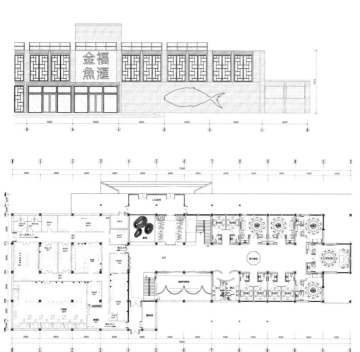

鱼道，一个专门吃鱼的餐厅。建筑外观上，鱼道餐厅建筑体采用红砖构造（清水砖）融合钢构造，结构框架的虚实成为空间设计的一部分；同时降低量体的大小，让建筑看起来更加轻巧又富有光影变化。砖造的传统工艺经过现代手法的组合后，提升了砖造的多样性，更加丰富建筑外立面的变化。大量玻璃外立面让环境周围的景色都能呈现在用餐之中。

入口玄关大厅，上方以姜太公钓鱼的概念，悬挂木头万千。紧接着以鱼跃龙门的概念来欢迎客人的到来：两条抽象的鱼图腾，从地上的石阶跃过以瀑布流水呈现的墙面，成为地上的祥龙浮雕，一气呵成。左右两边，一边是微观的叠山，一边是淙淙流水，山水相映；端景是由一个大石头撑起四根钢构顶住钢制楼梯，二楼的流水顺着扶手中间的凹槽往下流，最后打在大石头上，水花四溅。

餐厅内暖暖的天光洒在身上，眼前豁然开朗，挑高 10 米的大厅，上方群鱼缤纷飞至。红砖交错砌成的弧形接待台就在正前方，右方是厨房的明档，香味四溢，瞬间打开客人的食欲。左前方一条 9 米长的独木舟，顺着独木舟往内走，边上有个造型独特的双弧形红砖墙，一凸一凹透露出一种功能上的暗示 — 男女卫生间。最后是包间区，包间的名称各有典故。逆着水流往二楼，二楼的空间更加明亮有光，触手可及的鱼群，如同潜水深海。鱼群在成片的金属网下互相追逐，嬉戏，成为大空间的小点缀。右边是散客区，砖砌的酒水吧台作为空间的视觉焦点。户外露台咖啡座是欣赏 360 度湿地公园景观的最佳视角。左边是包间区，渔网如同渔夫撒网般在中庭挑空区展开。白天以纸浆做成的艺术鱼的装置艺术呈现，到了晚上是灯光设计的亮点。在挑空区中有个 VIP 包间，可以环顾室内全景的房间。

各包间的主题设计，利用不同种类的食用鱼，转成简单的几何图形和抽象的图腾，配合灯光与墙壁材质，变成艺术壁画，呈现精彩的主题，以呼应鱼主题最具体的实用空间。

江西恒茂度假酒店餐饮空间

设计公司：赵牧桓室内设计研究室
设计师：王颖建、赵玉玲、胡昕岳
摄影：舒赫摄影
项目面积：23 000 m²
主要材料：水曲柳染色木饰面、榆木手工拉丝布面、实木雕刻板、漆、花岗岩、工艺竹编、刺绣壁纸

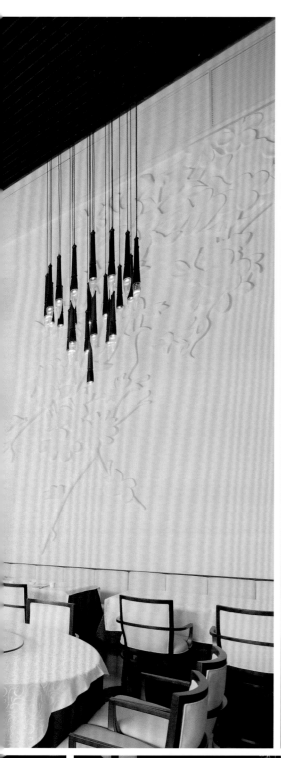

江西恒茂度假酒店坐落在江西省靖安县御泉谷的上风上水之地，独特的地理环境和丰富的人文历史激发设计创作。设计的灵感源于陶渊明的《桃花源记》，创造出与自然融合的建筑群体，四周环绕着郁郁葱葱的树林和灌木，隐于山风之间。

走入大堂，室内空间宽阔，天花鳞次栉比通向楼梯方向，墙面灰色石材雕刻，将《桃花源记》中的诗句映入客人眼帘，禅境古意扑面而来。镂空屏风隔墙的设计，让空间隔而不断，与具有传统韵味的家具和配饰相互交融，打断俗世的纷扰。柱子和天花上的装饰灯具，利用金属和木材两种截然不同的材料和质地，凸显空间内在张力，透过锐利的金属、细腻的木质线条强调空间结构，精致笔挺的吊灯，令空间由内向外展现独特魅力。

穿过悠长的走道，在灰白色空间配合温暖沉着的木色格子窗棂，让客人逐步感受一种优雅的热情。天花的黑色线条设计，带有极强的导向性，墙面上特别设计的壁灯与柱体结合，极好地提升了整个空间的层次感和趣味性。

中式餐厅的天花还原建筑屋顶原有的结构，保持空间开阔，让客人在明媚的阳光和纯净的空气里自由呼吸，与周边环境自然融合。室内的家具、灯具外观简洁质朴，宁静的色调营造出优雅的用餐气氛。其间的天花吊灯，巧妙引入毛笔元素，具有极强的后现代艺术气质。大包厢的墙面中式雕刻窗花的组合和书架造型，构建出一个轻松随意的环境。

西餐厅的入口设计，采用中国传统的影壁灵感，铁艺镂空祥云图案设计，隐约透出的光线使整个墙面变得朦胧虚幻，让客人还未进入，便产生想一探究竟的念头。深灰色的调子，强烈的红色跳跃其间。沉稳平和的空间氛围利用戏剧的元素，进行抽象概括，形成一个中西和古今的融合。

在整个空间设计过程中，砖、石、席、麻等材质的一起使用，在各种材质质感的鲜明对比与变化中，提炼出空间和时间的模糊性表达，是隐喻表达"世外桃源"意境所做的尝试。

B

设计餐厅

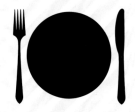

Como 餐厅

设计公司：Gad 工作室
设计师：Moshe Tzur
灯饰设计：Gad 工作室
品牌设计：Roof 工作室
灯饰制造商：Simetrix
摄影师：Assaf Pinchuk

Como 餐厅位于塞浦路斯的海港城市利马索尔。设计中的最大挑战是如何在现有的结构中打造私密室内空间，并将室内空间与独特的地理位置完美地结合起来，使其可以鸟瞰整个海港景观，将景观优势最大化。灯饰的设计灵感则来源于水世界的图形元素。

咖啡厅的结构元素被运用得恰到好处，并与餐厅外广场上的烟囱遥相呼应。开放空间以及涂饰材料的运用是这家传统意大利餐厅的风格特点。

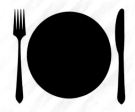

Veladora 餐厅

设计公司：Mr. Important Design
设计师：Charles Doell 、Miriam Marchevsky
承建方：Lusardi Construction
业主：Rancho Valencia Resort & Spa
摄影师：Jeff Dow
项目地点：美国加利福尼亚
项目面积：279 m²

Veladora 的意思是蜡烛，整个餐厅设计闪闪发光。设计师的设计灵感来源于圣地亚哥海岸线天然的珠宝以及其丰富的历史。用餐厅展示了达明安·赫斯特的蝴蝶油画，丰富的色彩贯穿整个室内。本杰明·休伯特的新座椅以及西班牙殖民复兴风格的外貌，让这间餐厅看起来既现代又古典。

Gitane 餐厅

设计公司：Mr. Important Design
设计师：Charles Doell、Gui Bez
承建方：Mills General
业主：Franck LeClerc
摄影师：Jeff Dow
项目地点：美国旧金山
项目面积：140 m²

餐厅的命名来源于自由不羁的吉普赛文化，其设计集现代、时尚和大胆的艺术风格于一体。它坐落于旧金山市中心金融区和联合广场之间。主厨 Lisa Ehyerabide 为食客们带来了简单亲民的巴斯克小酒馆风味，并引入了邻国西班牙、法国和葡萄牙的风格。餐厅配有高级酒吧，在这里你可以品尝到雪莉酒、卡瓦斯、马德拉、西班牙白兰地、手制鸡尾酒和村庄级葡萄酒。在室内设计上，设计师综合了 20 世纪三个不同年代的风格——50 年代的欧式风格、60 年代的嘻哈风格，以及 70 年代的奢华风格，赋予了整个空间既传统又现代的感觉。两侧的墙壁上装饰有来自土耳其和英国的艺术作品和挂毯，自然地融入到室内设计当中。古典艺术与 Deborah Bowness 手工印花壁纸相结合，从欧洲各地收集来的法国中世纪风格珍珠吊灯以及各种复古灯饰，仿佛在诉说着那个高贵而浪漫年代的故事。闪闪发光的聚合物制造的奢华吊顶仿佛一面深红色的镜子，而 Nina Campbell 软装饰品与 Antrhopologie 家具的完美结合更使整个室内设计熠熠生辉。该餐厅在 Yelp.com 网上被评为旧金山"最非凡"和"最性感"的餐厅，常常可以在各大时尚出版物上看到在这个温暖而又迷人的餐厅中，人们手持酒杯跌跌撞撞流连其中的图片。

Yasmeen A1 Sham 餐厅

设计公司：4SPACE Interior Design

网址：www.4space.ae

摄影师：Anas Rifai

OUTDOOR CANOPY

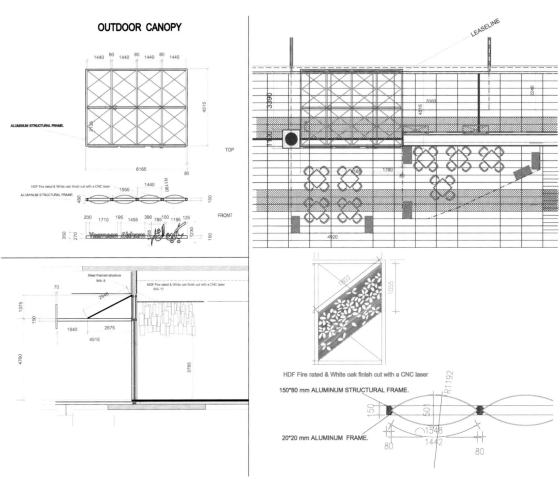

HDF Fire rated & White oak finish cut with a CNC laser

150*80 mm ALUMINUM STRUCTURAL FRAME.

20*20 mm ALUMINUM FRAME.

SFL +16.00

100   100   1830   100

White oak Solid Wood

LEVEL 2
SFL +13.30

Yasmeen Alsham

1500

1285

3355

LEVEL 1
FFL +8.77

Bi-Fold Doors

MDF & Silver me
- 3D cut with a
WA-16

BRUSHED STAINLESS STEEL
DE-16

Shopfront Elevation

White oak Solid Wood
DE-17

8370   680   680

280

Yasmeen Al Sham 咖啡厅占地面积 320 平方米，位于迪拜市中心，2014 年 3 月开业，专门为顾客提供各种芳香怡人的中东菜式。在这里，你可以感受到大马士革式的奔放，还有叙利亚式的温柔。

客户要求将传统大马士革风格与现代空间相结合，在咖啡厅设计中互相补充。

室内设计的灵感来源于茉莉花的形状和颜色，以及绿叶和具有东方特色的拱门。木条聚合成的拱门的设计灵感来自于传统大马士革建筑风格。

在室内布局的设计上，设计师为怀着不同情绪的顾客创造了休闲活动的空间。家具的设计极具现代感和简约性，并升华了餐厅的设计主题。户外部分则为顾客提供了绝佳的视野，可以在此领略大自然的色彩斑斓和粗犷的纹理。

应客户要求，设计师有效利用了现代技术和其他绿色建筑的设计方案，比如使用屏障来保护空调，在暖通空调系统上使用涂料和双层折叠玻璃等。

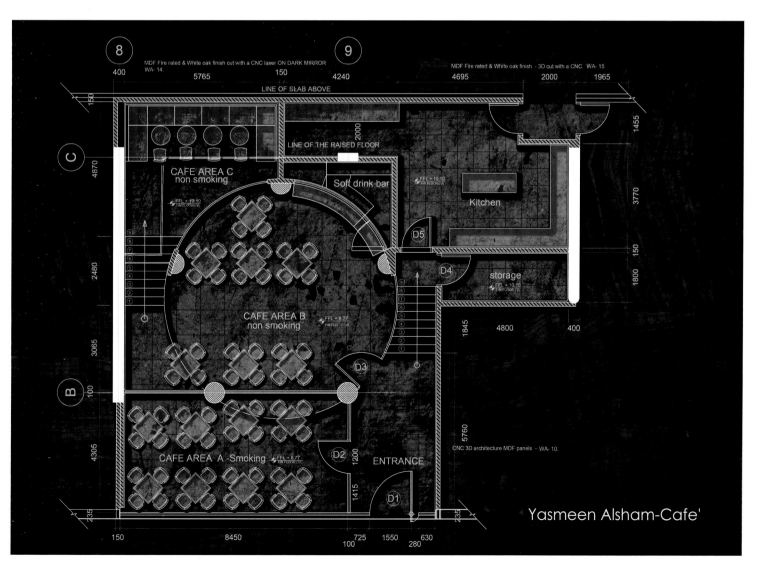

313

CHAPULÍN 餐厅

设计公司：SAMA Architects
网址：www.samaarquitectos.com
摄影师：Alfonso de Béjar

CHAPULÍN 餐厅的品牌概念由 SAMA 建筑工作室和 MOB 工作室设计完成，融合了墨西哥的历史文化特点。在设计师手下，墨西哥的历史传统被用现代设计语言演绎出来。

设计师在餐厅不同区域使用的材料丰富而有特色。主入口处的门厅设计独特，由 11 000 块定制的黏土砖砌成，这些黏土砖由在瓦哈卡州一家陶瓷工厂的当地妇女手工制成。这家名为"El Alacrán"的陶瓷工厂由墨西哥著名的艺术家和雕刻家 Adan Paredes 经营。砖瓦被按照特定的顺序铺设于走廊两侧的曲形墙面上，作为酒店大厅和餐厅之间的过渡区域。饕餮美酒的气息和美轮美奂的数字马赛克艺术壁画吸引着过往的食客。艺术壁画由视觉艺术家 Ignacio Rodríguez Bach 设计完成，为人们呈现餐厅所在的查普尔特佩克区域特有的风格。Chapulín 是纳瓦特语（这是一种古老的墨西哥本土语言，至今仍在被当地人使用），意思是"大群蚱蜢（这里指墨西哥特有的一种蚱蜢种类）"。

设计师使用抛光木头和藤条，融合几何与编织元素，对餐厅酒廊进行装饰。从酒吧区可以很方便到达大厅，酒吧区的装饰使用了大理石、花岗岩和玻璃等冷效果元素，绿草地与木质墙板和吊顶形成对比，仿佛令人穿越到了墨西哥优雅又古老的殖民时代。

用餐区的桌椅是由 MOB 工作室独家设计的：皮革软包凳、藤编椅以及几何图形饰面，其设计灵感来自前殖民时期文化。MOB 工作室致力于室内设计和家居设计，所有的家具均由手工艺大师打造。用餐区被分隔为两个区域，露台和室内部分，都拥有绝佳的视野，可以欣赏到查普特佩克森林风光。宽大通透的折叠窗户有利于自然通风和采光。

在餐厅的最左侧是一间独立的为主厨准备的房间。拱形顶棚覆盖了一层黑白釉面瓷砖，一直沿着墙面铺设到厨房，食客们可以在这里独享主厨制作的美食。在餐厅的另一端也有一个独立的房间，为顾客提供庆祝活动之用的私密空间，房间中央是一个可以容纳 25 人同时用餐的桌子。前西班牙的金字塔图形充斥着房间顶棚，通过这里可以到达露台和倒影池。

值得一提的是门厅旁的酒窖设计。酒窖中藏有各种红酒和梅斯卡尔酒，专供餐厅使用。出于藏酒需要，在墙上设置了木质酒架。在房间的中央是一个展示用的酒柜，上面悬挂着一盏明亮的泛光灯，为人们展示这里最奢华的藏酒。Chapulín 餐厅为人们带来墨西哥的传统文化和美食，舌尖非凡的味觉体验激发了人们更为丰富的感官享受。

Dunya 餐厅

设计公司：C-LAB 设计

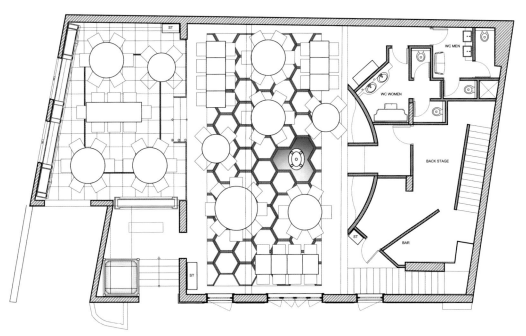

Dunya 是一家黎巴嫩餐厅，位于贝鲁特市中心。餐厅的复古风格将人们带回到20世纪60年代的黄金岁月。

一丝不苟的室内设计，令人仿佛置身于那个经济飞速发展的时代，崇尚自由精神，文化开放，并以成熟、优雅著称的黎巴嫩。

在餐厅中随处可见来自那个时代的元素——高高的天花板、精细的木工、东方风格的绘画艺术……那是一个艺术蓬勃发展的时代，人们重视细节、优雅、世故、品位，追求浪漫主义。

在顶棚中部，设计师设置了一块玻璃顶棚，这一具有东方韵味的设计为顾客提供了现代贝鲁特的全景观，而现代与复古的冲突制造了一种独特的贝鲁特风格。

除此之外还有一些关于文化和精神娱乐的元素，其中之一就是餐厅内金色幕帘下的肚皮舞表演。露台的铁艺设计则令人不禁怀旧过去辉煌的戏剧院和秀场。

空间的主色调是勃艮第酒红，制造了一种私密而怀旧的气氛，主区域则有一座设计精致的喷泉，凸显了典型的东方建筑风格。

在 Dunya 餐厅，时间仿佛是停止了，留存着贝鲁特最美好的文化和记忆。

图书在版编目（CIP）数据

私房菜馆 II / 方峻 主编 . – 武汉 : 华中科技大学出版社 , 2015.8

ISBN 978-7-5680-1162-4

Ⅰ . ①私… Ⅱ . ①方… Ⅲ . ①餐馆 – 室内装饰设计 – 图集 Ⅳ . ① TU247.3–64

中国版本图书馆 CIP 数据核字（2015）第 192563 号

私房菜馆 II

方峻 主编

出版发行：华中科技大学出版社（中国·武汉）

地　　址：武汉市武昌珞喻路 1037 号（邮编：430074）

出 版 人：阮海洪

责任编辑：岑千秀　　　　　　　　　　　　　　责任监印：张贵君

责任校对：熊纯　　　　　　　　　　　　　　　装帧设计：筑美文化

印　　刷：中华商务联合印刷（广东）有限公司

开　　本：942 mm × 1264 mm　1/16

印　　张：20.5

字　　数：164 千字

版　　次：2015 年 9 月第 1 版第 1 次印刷

定　　价：328.00 元（USD 65.99）

投稿热线 :（020）36218949　　duanyy@hustp.com

本书若有印装质量问题，请向出版社营销中心调换

全国免费服务热线：400-6679-118 竭诚为您服务